AF313148

DÉMONSTRATION

DE

LA QUADRATURE DÉFINIE

DU CERCLE.

Par M. Louis Dufé Lafrainaye, Écuyer, Valet-de-Chambre de S. A. S. Monseigneur le Duc d'Orléans, Commensal de la Maison du Roi.

A LA HAYE,

Et se trouve

A PARIS,

Chez D'HOURY, Imprimeur-Libraire de Monseigneur le Duc d'Orléans, rue de la Vieille-Bouclerie.

———————

M. D. CC. LXXIV.

Nota. *Il y a une lettre de M. de Vaufenville à M. d'Alembert, qui attefte la poffibilité de la Quadrature, laquelle a été lue aux fix Académies Royales de Paris : elle paroîtra lorfqu'on voudra bien en permettre l'impreffion.*

ERRATA.

Page 11, *lig.* 10, favoir ; $\frac{8}{8}$, *lif.* $\frac{9}{8}$.
Page 28, *lig.* 1, fe réduira à $2\frac{1}{64}$, *lif.* $1\frac{1}{64}$.

DÉMONSTRATION

DE

LA QUADRATURE DÉFINIE

DU CERCLE.

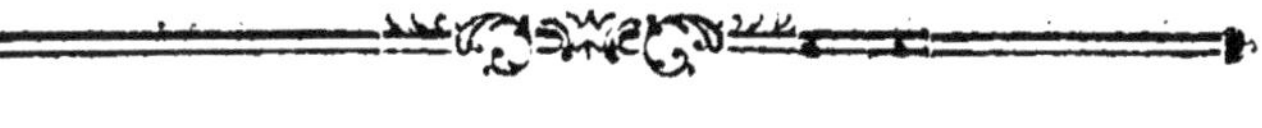

DISCOURS PRÉLIMINAIRE.

ON ne peut nier que le problême de la Quadrature du cercle ne soit la plus grande & la plus fameuse découverte qu'on puisse faire dans les Sciences ; c'est la clef de la Géométrie transcendante, qui ouvre à la spéculation des lignes courbes, le plus vaste champ qu'il soit possible de desirer. Les anciens

A

ont si bien senti l'importance d'une pareille découverte ; que les plus grands hommes, les esprits les plus fins & les plus éclairés s'y sont appliqués, pour exercer sur cette matiere, toute leur adresse & leur capacité ; cependant jusqu'ici malgré leurs efforts réitérés, ils n'ont pu arriver qu'à des approximations plus ou moins exactes, chacun s'y est pris de la maniere que son génie lui a inspiré : en un mot depuis & avant Archimède, c'est-à-dire, depuis plus de deux mille ans, on s'est occupé de cette recherche, mais toujours infructueusement.

La Divinité qui donne des lumieres à qui bon lui semble, m'ayant inspiré le dessein d'examiner cette question, j'ai reconnu après un mur examen qui m'a fait entrer dans une foule nombreuse de confidérations, que la Quadrature du cercle, dépendoit de la découverte des racines rondes & quarrées de tous les nombres en général : il eft vrai que celle-ci n'eft en rien moins difficile que la Quadrature elle-même; mais auffi ces connoiffances font fi intimément liées enfemble, qu'elles dépendent abfolument l'une de l'autre, c'eft-à-dire, que la Quadrature du cercle dépend néceffairement de la connoiffance des racines quarrées, dont j'ai fait l'heureufe découverte : j'en rends grace au ciel, qui a bien voulu que la tranfmiffion d'un fait fi important me fût réfervé pour en faire part au genre humain. Je vais donc expofer fuccinctement mes découvertes, & faire voir la marche que j'ai tenue pour arriver à des connoiffances auffi fublimes : on

jugera par-là de ma prétention & de la
grandeur de ma découverte, qui étant
appliquée à tous les corps qui roulent
dans l'univers, en donnent les rapports
relatifs & la connoissance parfaite de
leur existence.

PRINCIPE
ET DÉFINITION.

J'APPELLE racine quarrée, la huitieme partie d'un nombre quelconque,
de forte que la racine quarrée de 8
eft 1 : celle de 12 eft 1 $\frac{1}{2}$: celle de 16
eft 2 : celle de 24 eft 3 & ainfi des
autres.

En appliquant ce principe au cercle,
je dis que fa quadrature en dépend né-
ceffairement, puifqu'il ne s'agit que de
trouver un quarré dont la furface foit
abfolument la même que celle du cercle, & comme cette derniere dépend
de la longueur de fes dimenfions, il eft
évident que fi on peut les déterminer,
on aura fans difficulté un quarré de
même valeur.

Il eft démontré en Géométrie que
le rectangle du quart de la circonférence d'un cercle par tout fon diamètre,
eft égal à la furface du même cercle ;

d'où il fuit que le côté du quarré qui lui eſt égal, eſt moyen proportionnel entre ſes deux dimenſions : il n'eſt donc queſtion que de pouvoir déterminer le rapport relatif qui ſe trouve entr'elles. Pour le faire, je dis que les deux dimenſions du cercle ne diffèrent entr'elles par rapport au côté du quarré, que par une racine quarrée en ſus de ce côté pour compoſer le diamètre, & par une racine quarrée en-deſſous de ce même côté pour former le quart de la circonférence ; de ſorte que le quart de la circonférence étant donné, on détermine le côté du quarré, en ajoutant à ce même quart ſa racine quarrée : de même en ajoutant au côté du quarré ainſi déterminé ſa racine quarrée, la ſomme qui en proviendra ſera la longueur du diamètre.

Exemple I. Soit le quart de la circonférence donné égal à ſix pouces, par le moyen duquel je veux déterminer le diamètre qui y eſt correſpondant, ainſi

que le côté du quarré : j'ajoute à 6 pouces
sa racine quarrée qui est selon le principe
9 lignes, ce qui donne 6 pouces 9 lignes pour le côté du quarré ; après quoi
j'ajoute encore à 6 pouces 9 lignes sa
racine quarrée qui est 1 o lignes 1 point $\frac{1}{2}$,
& il vient 7 pouces 7 lignes 1 point $\frac{1}{2}$
pour le diamètre du cercle : ainsi ces
trois nombres 6 pouces, 6 pouces 9
lignes, & 7 pouces 7 lignes 1 point $\frac{1}{2}$,
font en proportion géométrique con-
tinue, à cause que le quarré du terme
moyen, est égal au produit des deux
extrêmes qui font les deux dimensions
du cercle. Sur quoi il faut remarquer
que le plus grand des termes est le diamètre, & qu'ainsi en opérant par la
connoissance du plus petit, on parvient
à composer les deux autres par le moyen
des racines quarrées.

Si au contraire, le diamètre est donné
ou pris à volonté, comme alors il est
question de décomposition, il faut au
lieu du huitieme prendre le neuvieme

du diamètre pour racine quarrée, & l'en retrancher, car le huitieme en compofant eft égal au neuvieme en décompofant, par la raifon que $\frac{1}{8}$ de 8 eft 1, qui ajouté à 8 fait 9 ; mais le $\frac{1}{9}$ de 9, eft auffi 1, qui ôté de 9, laiffe le premier nombre 8 ; donc le $\frac{1}{8}$ en compofant eft égal au $\frac{1}{9}$ en décompofant : ce qui eft évident. De là il fuit, que fi le diamètre eft donné, & qu'on en retranche fa neuvieme partie, le refte fera le côté du quarré, & retranchant encore la neuvieme partie de ce même côté, il reftera le quart de la cirçonférence.

Exemple II. Soit fuppofé le diamètre du cercle égal à 9 pouces, & on demande quel eft le quart de la circonférence qui y eft relative, ainfi que le côté du quarré qui y correfpond en furface. Pour les déterminer je prends le $\frac{1}{9}$ du diamètre donné qui eft 1, & je le retranche de ce nombre, il refte 8 pouces pour le côté du quarré, duquel je retranche encore le $\frac{1}{9}$, & il reste 7 pouces $\frac{1}{9}$, ou ce qui est la même chose, 7 pouces une ligne 4 points pour le quart de la circonférence, & ainsi des autres.

Il est évident que les trois nombres ainsi déterminés, savoir; 7 pouces une ligne 4 points, 8 pouces & 9 pouces, font entr'eux une proportion géométrique continue, dans laquelle le quarré du terme moyen est égal au produit des deux extrêmes, qui en se multipliant donnent la surface du cercle.

On verra de même en composant, qu'en ajoutant au premier ou moindre terme 7 pouces $\frac{1}{9}$, sa racine quarrée qui est $\frac{8}{9}$, il vient le second 8 pouces; auquel ajoutant encore sa racine quarrée 1, il vient 9 pouces pour le troisieme, qui est le diamètre du cercle. On voit donc clairement que la racine quarrée en composant est la huitieme partie de la grandeur proposée, & qu'en décomposant, elle est la neuvieme

partie, ce qu'il eſt eſſentiel de remarquer.

Il eſt clair d'après ce qui vient d'être
expoſé, que ſi l'on deſire connoître les
dimenſions d'un cercle, dont la ſurface ſoit égale à celle d'un quarré dont
le côté eſt donné, il n'y a qu'à ajouter
au côté donné ſa racine quarrée ou le $\frac{1}{8}$
de ce même côté, pour avoir le dia-
mètre ; mais ſi on en retranche la $\frac{1}{9}$ partie, le reſte ou la différence, ſera le
quart de la circonférence : par ce moyen
les dimenſions du cercle dont la ſurface eſt la même que celle du quarré, ſe
trouvent déterminées.

Exemple III. Soit le côté du quarré
donné 1, & on demande quels ſont
les deux dimenſions du cercle qui lui
correſpondent en ſurface. J'ajoute au
côté donné 1, ſa racine quarrée en
compoſant qui en eſt le $\frac{1}{8}$ par le principe,
& j'ai 1 plus $\frac{1}{8}$ ou $\frac{9}{8}$ pour le diamètre du
cercle, après quoi du même côté 1 je
retranche ſa $\frac{1}{9}$ partie, ou ſa racine

quarrée en décompofant, qui eft $\frac{1}{9}$, &
il refte 1 moins $\frac{1}{9}$, ou $\frac{8}{9}$ pour le quart
de la circonférence ; conféquemment
les deux dimenfions du cercle demandé
fe trouvent déterminées. Il refte à démontrer que la furface du cercle eft
égale à celle du quarré. Pour le faire
fentir , il faut confidérer que les trois
nombres qui viennent d'être détermi-
nés , favoir ; $\frac{8}{9} : 1 : \frac{8}{9}$, font en proportion géométrique continue. Les deux
extrêmes font les deux dimenfions du
cercle, qui en fe multipliant produifent
fa furface , laquelle par la propriété de
la proportion géométrique eft égale au
quarré du terme moyen, qui repréfente
le côté du quarré donné ; d'où il fuit
évidemment que la furface du cercle eft
égale à celle du quarré , ce qu'il falloit
démontrer.

Corollaire I. De là il fuit générale-
ment que le quart de la circonférence
eft au diamètre du cercle dans le rap-
port de $\frac{8}{9}$ à $\frac{2}{3}$, ou ce qui eft la même

chofe comme 64 à 81 , que le quart de la circonférence eft au côté du quarré comme $\frac{8}{9}$ eft à 1 , ou comme 8 eft à 9. De même le côté du quarré eft au diamètre dans le même rapport de 8 à 9.

Corollaire II. Il s'enfuit encore né-ceffairement, que le diamètre eft à la circonférence dans le rapport de 8 1 à 2 5 6 , car puifque $\frac{8}{9}$ dans le troifieme exemple, eft le quart de la circonfé-rence, la circonférence entiere eft donc $\frac{32}{9}$, lorfque le diamètre eft $\frac{2}{8}$; par conféquent $\frac{2}{8}$ eft à $\frac{32}{9}$ comme 8 1 eft à 2 5 6.

Corollaire III. Il eft encore évident d'après le troifieme exemple , que puif-que le côté du quarré qui eft 1 , étant comparé au quart de la circonférence qui eft $\frac{8}{9}$, la raifon qui regne entr'eux eft dans le rapport de 1 à $\frac{8}{9}$, ou ce qui eft la même chofe, dans celui de 9 à 8 ; d'où il fuit que le périmètre entier du quarré comparé à la circonférence entiere, eſt auſſi dans le même rapport, c'eſt-à-dire, comme 9 à 8 : ce qu'il falloit enfin démontrer.

Remarque. Il eſt évident d'après ce qui a été expoſé ci-deſſus, que puiſque mon principe des racines quarrées, ſert à déterminer les dimenſions du cercle, & leur rapport reſpectif, que l'une de ces dimenſions eſt une ligne courbe, pendant que l'autre eſt une ligne droite, il eſt évident, dis-je, que l'on peut diſtinguer deux eſpeces de racines, ſavoir; quarrée & ronde, qui, par leur combinaiſon, ſe prêtent mutuellement à paſſer d'un état dans un autre, c'eſt-à-dire, du rectiligne au circulaire, ou réciproquement ; de là on peut tirer pluſieurs conſéquences d'autant plus ſublimes, que perſonne n'a encore pu déchirer le voile ténébreux où elles ſont comme eſſentiellement enveloppées. Ce ſeroit ici le lieu de les placer, mais j'aime mieux attendre à le faire dans un ouvrage plus complet que j'eſpere mettre au jour, & dont celui-ci n'eſt que l'avant-coureur.

Objection I. On pourroit demander quelle eſt la certitude ſur laquelle je puis affirmer que la différence du côté d'un quarré avec le diamètre du cercle, qui ont l'un & l'autre même ſurface, eſt préciſément la huitieme partie de ce même côté, & qu'en lui retranchant ſa neuvieme partie, il reſte préciſément le quart de la circonférence.

Réponſe. A quoi je réponds 1°. que ce choix de préférence vient de mes racines quarrées, lequel eſt fondé ſur ce que la ſurface ronde produite de cette maniere, étant comparée à la ſurface quarrée, & appliquée l'une ſur l'autre, donne l'égalité de la maniere la plus frappante, de ſorte que la compen-ſation des eſpaces mixtes qui ſe trou-vent dans l'une & l'autre figure ſe fait très-évidemment : d'où j'affirme la certitude de leur égalité.

2°. Pour donner une nouvelle preuve

de la vérité que j'expose , il faut confidérer que le nombre 16 qui est un
quarré , a lui seul la propriété d'avoir
un périmètre égal à sa surface ; que ce
périmètre étant divisé par moitié , si on
ajoute à une de ces moitiés sa racine
quarrée , & qu'on la retranche de l'autre , on aura également les deux dimensions du cercle de même surface que ce
quarré , car 9 racines rondes qui en
multiplient 7 , font un produit égal à
8 racines quarrées qui en multiplient 8;
ce qui démontre toujours le même ordre que celui exposé ci-dessus. Il est vi-
sible d'ailleurs , que le nombre 16 est
fait de l'addition des deux plus grands
nombres simples qui se trouvent dans
la suite des nombres naturels , & qu'il
est impossible qu'il soit formé par tout
autre nombre que 7 & 9 , qui font des
nombres simples ; mais lorsqu'il s'agira
de passer à des nombres plus élevés que
16, il faudra entrer dans les nombres
composés en conservant à ces derniers

les mêmes propriétés qu'aux nombres simples, c'est-à-dire, que les nombres composés, ne font que des multiples des nombres simples, qui fuivent en tout le même ordre ; ainfi j'arrondis tous les quarrés & je quarre tous les cercles fans en altérer leur furface, comme il eft évident par ma méthode.

Objection II. On demande encore 1°. quelle eft la néceflité d'admettre que ma racine quarrée foit plutôt la huitieme partie d'un nombre que la 5e, la 6e, la 7e, la 9e, la 10e, ou tout autre partie de ce même nombre ? 2°. Où eft la néceflité que cette mefure tombe exactement fur des nombres entiers ? 3°. Où eft enfin l'impoffibilité marquée au coin phyfique, pour réprouver toute autre mefure que celle que j'annonce ?

Réponfe. A quoi je réponds qu'il ne faut pas d'autre preuve, pour exclure toute autre mefure, que de dire qu'il eft impoffible que la chofe foit autrement,

que

que de la maniere que je l'annonce, par
la raifon que mon principe reparoît &
fe reproduit fur tous les nombres en général, & quelque choix de nombre que
je faffe pour l'y adopter, les mêmes
vérités reparoiffent d'une maniere toujours conftante & uniforme ; ce qui
confirme la vérité de ma découverte de
la maniere la plus fenfible, & mo per-
fuade qu'il eft impoffible qu'il y en ait
d'autres ; conféquemment on ne peut
valablement me refufer la gloire d'avoir
réfolu le grand & fameux problême de
la Quadrature définie du Cercle, &
d'avoir fait ce que les plus grands génies, les plus grands hommes n'ont pu
faire. Fait à Saint Cloud le 15 Juin
1772, LAFRAINAYE.

Addition. Démonftration de la Quadrature définie du Cercle réduite à
fon plus fimple terme par M. Lafrai-
naye, lequel montre que $\frac{9}{8}$ d'une grandeur pofitive multipliée par $\frac{8}{9}$ de cette

grandeur pofitive, donne un produit égal à cette grandeur pofitive multipliée par elle-même ; d'où il réfulte deux furfaces, dont l'une eft ronde & l'autre quarrée qui font entr'elles comme 1 eft à 1 ; ce qui les prouve phyfiquement égales, par la raifon naturelle que la furface ronde eft produite par le rectangle fait du quart de cercle par tout fon diamètre, comme la furface quarrée eft produite par la grandeur pofitive qui exifte entre les deux dimenfions du cercle : ce qu'il falloit enfin démontrer pour réfoudre cet important problême. LAFRAINAYE.

Jugement fur le tout. Extrait des regiftres de l'Académie Royale des Sciences, du 2 Avril 1773. « J'ai examiné » par ordre de l'Académie, un Mé- » moire fur la Quadrature du Cer- » cle, par M. Lafrainaye. M. Lafrai- » naye prétend que la circonférence » d'un cercle, eft à fon diamètre exac-

» tement comme 2 5 6, eſt à 8 1 ; mais
» il eſt aiſé de voir que 2 5 6 eſt beau-
» coup trop grand pour une circonfé-
» rence dont le diamètre eſt repréſenté
» par 8 1. Nous n'examinerons point
» les principes ſur leſquels M. La-
» fraiñaye ſe fonde, ils n'appartien-
» nent à aucune des Sciences exactes,
» & ne ſont par conſéquent pas du reſ-
» ſort de l'Académie, *ſigné* COUSIN ».

» Je certifie l'extrait ci-deſſus con-
» forme à ſon original, & au jugement
» de l'Académie. A Paris ce 7 Avril
» 1773, *ſigné* GRAND-JEAN DE FOU-
» CHY, Secrétaire perpétuel de l'Aca-
» démie Royale des Sciences ».

Suite de ladite Démonſtration également
préſentée à l'Académie.

L'Auteur de la nature ayant voulu
que le nombre 1 6, repréſentât le globe
& le quarré encyclopédique de toutes
les Sciences en général, a voulu en
même tems que les ⅞ de ce nombre

foient à 8 1 , comme les $\frac{2}{3}$ de ce nombre font à 2 5 6 ; d'où il réfulte que le
diamètre de la terre eft $\frac{1}{24}$ de 8 1 , comme
le cercle de la terre eft le $\frac{1}{24}$ de 2 5 6 ,
ainfi que le quarré de la terre eft le $\frac{1}{24}$
de 2 8 8 . Je dis que le plus favant comme
le plus ignare des hommes peut faire un
rond avec un compas ouvert à volonté.
Une des pointes de ce compas pofée
fur un folide, donnera toujours le point
central de gravité : ce compas tournant
fur fon point central , l'autre pointe
fera un fecteur de toutes les parties qui
ne peuvent entrer dans le quarré de ce
cercle , puifque les deux furfaces font
égales ; mais ce fecteur renferme les
efpaces mixtes du quarré & du cercle,
puifque $\frac{8}{9}$ de tout quarré , donne fon
cercle, comme $\frac{9}{8}$ de tout cercle donne
fon quarré. On reconnoîtra donc , par
mes principes , que les $\frac{3}{4}$ de tout quarré
font à 8 1 , comme les $\frac{2}{3}$ de tout quarré
font à 2 5 6, & pour montrer définitive-
ment l'accord & le rapport de mes

racines courbes, droites & rondes, je dis que $\frac{2}{8}$ de toutes racines courbes donne la racine droite, comme $\frac{2}{8}$ de toutes racines droites donnent la racine ronde : l'ordre de compofition & celui de décompofition eft, que $\frac{8}{9}$ d'une racine ronde, donne la racine droite, comme $\frac{8}{9}$ de la racine droite, donne la racine courbe. LAFRAINAYE.

Jugement. Extrait des regiftres de l'Académie Royale des Sciences, du 16 Juin 1773 : « J'ai lu par ordre de
» l'Académie, un papier de M. La-
» frainaye, avec ce titre : *Suite de
» ma Démonftration de la Quadrature
» définie du Cercle.* Cette fuite n'eft pas
» mieux raifonnée que ce qui précede,
» & ne mérite pas davantage d'occu-
» per l'Académie. *Signé* COUSIN ».

« Je certifie l'extrait ci-deffus con-
» forme à fon original & au jugement
» de l'Académie. A Paris ce 7 Septem-
» bre 1773 , *figné* GRAND-JEAN DE

» Fouchy , Secrétaire perpétuel de
» l'Académie Royale des Sciences ».

« Je certifie l'exposé ci-dessus con-
» forme aux Mémoires par moi pré-
» sentés à l'Académie pour le dévelop-
» pement de l'intégrité de mes prin-
» cipes , sauf à y ajouter si besoin est.
» A Paris ce 15 Novembre 1773 ,
» *signé* Lafrainaye ».

Nouvelles Additions.

L'homme savant & judicieux peut reconnoître sans peine la vérité des prétentions ci-dessus , quoiqu'on en ait jugé autrement ; mais ce qui paroît singulier , est qu'il semble que l'Académie veuille exclure la Quadrature par la maniere dont elle s'exprime & se conduit , 1°. contre l'usage des examens , elle réfere son jugement au sentiment d'un seul Commissaire, pendant qu'elle en nomme deux sur toute autre matiere ; 2°. elle dit que ces choses ne font pas de son ressort , comme il est mentionné dans le premier extrait. De qui la Quadrature doit-elle donc dépendre, si elle n'est pas du ressort de l'Académie ? Pourquoi M. Cousin ne veut-il pas s'assujettir à examiner les principes qui lui sont soumis sur cette matiere ? Cependant jusqu'ici on a cru que l'Académie étoit un tribunal pour juger les sciences ; s'il ne l'est pas, à qui faut-il recourir ? Mais laissons-là l'Académie, pour nous en rapporter au Public, qui est le juge des juges, & tâchons de convaincre les génies les plus incrédules, & instruisons les plus favans des Artistes de l'univers, leur témoignage tiendra lieu de jugement, il ne s'agit que de leur faire sentir la vérité, alors on pourra regarder M. Lafrainaye, ce nouveau génie, comme un prodige. Mais pour ajouter à ce qui est dit ci-dessus, & fortifier sa prétention, il dit : que $\frac{8}{9}$ d'un nombre quelconque, donne la racine courbe de ce nombre. De même que $\frac{8}{8}$ d'un nombre quelconque, donne la racine droite de ce nombre : ainſi que $\frac{2}{8}$ d'un nombre quelconque, donne la racine ronde ou diamétrale de ce nombre. En fixant ces trois grandeurs éparſes au nombre 8 qui en eſt le principe, on verra que $\frac{8}{9}$ de 8, ſera la racine courbe de 8, comme $\frac{8}{8}$ de 8, ſera la racine droite de 8, ainſi que $\frac{9}{8}$ de 8 ſera la racine ronde, & le rayon d'un cercle dont la ſurface eſt la même que celle du quarré de ce rayon. *Preuve.* Si l'on ſupprime $\frac{1}{9}$ d'un rayon quelconque que j'appelle racine ronde, la ſomme reſtante ſera le côté du quarré de ce rayon que j'appelle racine droite. En ſupprimant de même $\frac{1}{9}$ de cette racine droite, la ſomme reſtante ſera le quart du cercle, que j'appelle racine courbe. Le nombre 8 étant donc la racine droite d'un quarré, $7\frac{1}{9}$ en ſera la racine courbe, & 9 en ſera la racine ronde. Si 9 eſt la racine droite d'un quarré, 8 en ſera la racine courbe & $10\frac{1}{8}$ en ſera la racine ronde. Si $10\frac{1}{8}$ eſt une racine courbe, 1 2 en fera la racine droite, & 1 3 ½ en fera la racine ronde. Si 1 8 eft une racine droite, 1 6 en fera la racine courbe & 2 0 ¼ fera la racine ronde. Si 3 6 eft une racine droite, 3 2 en fera la racine courbe, & 4 0 ½ en fera la racine ronde. Si 7 2 eft une racine droite, 8 1 en fera la racine ronde, & 6 4 en fera la racine courbe. Il eft aifé de voir que le produit de toutes ces racines courbes, par leurs racines rondes, eft égal à leurs racines droites multipliées par elle-même.

Il dit encore pour juftifier de fa raifon & de fes principes, que le tout eft à l'unité, comme l'unité eft au tout. Or, dans ce cas là, il faut que les grandeurs majeures du tout, foient dans le même rapport des grandeurs mineures de l'unité, comme les grandeurs mineures de l'unité font en rapport aux grandeurs majeures du tout. J'appelle grandeurs majeures du tout 3 2 4, qui eft le feizieme de la plus grande furface ronde ou quarrée qui puiſſe exiſter dans la nature. J'appelle 2 5 6 le plus grand cercle majeur qui puiſſe exiſter dans la nature. J'appelle de même 2 8 8, le plus grand périmètre quarré qui puiſſe exiſter dans la nature. Tout le monde ſait que la plus grande ſubdiviſion de l'unité eſt 1 4 4 ; or je dis que le huitieme de cette ſubdiviſion étant multipliée par elle-même , donne 3 2 4 pour la grandeur majeure des ſurfaces rondes & quarrées. Je dis de même que le neuvieme de cette ſubdiviſion , étant multipliée par elle-même, donne 2 5 6 pour grandeur majeure circulaire. Je dis encore que le $\frac{1}{9}$ de cette ſubdiviſion étant multipliée par le $\frac{1}{8}$ de cette ſubdiviſion donne 2 8 8 pour la grandeur majeure quarrée. Il eſt aiſé de voir que ces trois grandeurs majeures exiſtent dans l'unité , puiſqu'elles en ſortent comme elles y rentrent. *Preuve.* Si l'on réduit 3 2 4 à ſa moitié, on aura 1 6 2 : ſi l'on réduit 2 5 6 à ſa moitié, on aura 1 2 8.

(27)

Si l'on réduit 288 à sa moitié, on aura 144. Si l'on réduit ces trois grandeurs majeures à leur quart, 324 se réduit à 81, 256 se réduit à 64, & 288 se réduit à 72. Si l'on réduit ces trois grandeurs majeures à leur demi-quart ou huitieme, 324 se réduira à $40\frac{1}{2}$, 256 se réduira à 32, & 288 se réduira à 36. Si l'on réduit ces trois grandeurs majeures à leur seizieme, 324 se réduira à $20\frac{1}{4}$, 256 se réduira à 16, & 288 se réduira à 18. Si l'on réduit ces trois grandeurs majeures à leur trente-deuxieme, 324 se réduira à $10\frac{1}{8}$, 256 se réduira à 8, & 288 se réduira à 9. Si l'on réduit ces trois grandeurs majeures à leur soixante-quatrieme, 324 se réduira à $5\frac{1}{16}$, 256 se réduira à 4 & 288 se réduira à $4\frac{1}{2}$. Si l'on réduit ces trois grandeurs majeures à leur cent vingt-huitieme, 324 se réduira à $2\frac{1}{32}$, 256 se réduira à 2, 288 se réduira à $2\frac{1}{4}$. Si l'on réduit ces trois grandeurs majeures à leur deux cent cinquantefixieme, 3 2 4 fe réduira à 2 $\frac{1}{64}$, 2 5 6 fe réduira à 1 & 2 8 8 fe réduira à 1 $\frac{1}{8}$: d'où je conclus que l'ingénieux & favant Public conviendra avec moi par fa raifon, que le feul & unique rapport du diamètre à fon cercle, eft comme 8 1 à 2 5 6, ou comme 8 font à 9, par la raifon évidente que $\frac{2}{8}$ d'une grandeur phyfique quelconque, font phyfiques, & que $\frac{8}{9}$ d'une grandeur phyfique, font métaphyfiques; $\frac{8}{9}$ de 7 2, multipliant $\frac{2}{8}$ de 7 2, donne un produit phyfiquement & métaphyfiquement égal à l'unité, puifque 5 1 8 4 unités font à l'unité, comme 1 eft à 1.

Il dit encore que la nature eft compofée de trois ordres dont il fait l'application aux fciences numériques, favoir; l'ordre courbe, eft à la métaphyfique; l'ordre droit, eft à la géométrie & l'ordre rond eft à la phyfique. La métaphyfique eft à la géométrie comme 7 $\frac{1}{9}$ font à 8. La géométrie eft à la phyfique, comme 8 font à 9, puifque le produit de la grandeur phyſique 9, par la grandeur métaphyſique 7 $\frac{1}{9}$, eſt égal à la grandeur géométrique 8 , multipliée par elle-même ; de même que le produit de la grandeur phyſique 18 , par la grandeur métaphyſique 14 pouces 2 lignes, 8 points, eſt égal à la grandeur géométrique 16 multipliée par 16. C'eſt ce que la nature a toujours montré , ſans que perſonne ait pu le comprendre. Fait à Saint Cloud , ce 17 Juin 1774 , LAFRAINAYE.

Certificats.

« D'après l'immenſe vérification que
» j'ai faite des principes de M. La-
» Frainaye, je reconnois que toutes les
» conféquences en ſont très-juſtes &
» très-exactes , & qu'il ne manque que
» l'éclairciſſement du principe d'où dé-
» pend toute la ſolution , c'eſt-à-dire ,
» qu'il reſte à prouver d'une maniere
» ſuffiſante, que le rapport du diamè-
» tre à la circonférence eſt comme 81

» à 256, ou bien que quand le côté
» d'un quarré a 8 pouces, sa surface
» est égale à celle d'un cercle qui a 9
» pour diamètre. C'est pourquoi je dis:
» si ledit Sieur justifie de la solidité de
» ses principes aux termes qui viennent
» d'être énoncés, il sera impossible de
» lui refuser la gloire d'avoir résolu le
» problême de la Quadrature définie du
» Cercle, dont je ferai de sa requisition
» la démonstration à l'Académie Royale
» des Sciences, sous le bon plaisir du
» Roi, & celui de Monseigneur le Duc
» d'Orléans, auquel il a soumis cet
» important Ouvrage. En foi de quoi
» j'ai signé, à Saint Cloud, ce 27 Oc-
» tobre 1771, DE VAUSENVILLE ».

» Je promets & m'engage de dé-
» montrer la Quadrature du Cerle &
» d'en produire la résolution par l'a-
» nalyse en termes généraux & dans
» toute la rigueur géométrique, sans
» qu'il y ait le moindre défaut, & en

» même tems de vérifier les prétentions
» de M. Lafrainaye. A Paris , le 18
» Février 1774, LE ROHBERGHERR DE
» VAUSENVILLE ».

» Je certifie l'expofé ci-deffus con-
» forme à mes principes & aux origi-
» naux des pieces qui y font rapportées.
» A Saint Cloud , ce 17 Juin 1774 ,
» LAFRAINAYE ».

www.ingramcontent.com/pod-product-compliance
Ingram Content Group UK Ltd.
Pitfield, Milton Keynes, MK11 3LW, UK
UKHW022319170726
13837UKWH00005BA/2077